农产品全产业链质量安全风险管控丛书

井冈蜜柚全产业链质量安全风险管控手册

戴星照　向建军　张大文　主编

中国农业出版社

北 京

图书在版编目（CIP）数据

井冈蜜柚全产业链质量安全风险管控手册 / 戴星照，向建军，张大文主编．—北京：中国农业出版社，2023.10

（农产品全产业链质量安全风险管控丛书）

ISBN 978-7-109-31177-0

Ⅰ．①井… Ⅱ．①戴… ②向… ③张… Ⅲ．①柚-果树园艺-产业链-质量管理-安全管理-井冈山-手册 Ⅳ．①S666.3-62

中国国家版本馆CIP数据核字（2023）第189770号

中国农业出版社出版

地址：北京市朝阳区麦子店街18号楼

邮编：100125

责任编辑：郭　科

版式设计：杨　婧　　责任校对：吴丽婷　　责任印制：王　宏

印刷：北京缤索印刷有限公司

版次：2023年10月第1版

印次：2023年10月北京第1次印刷

发行：新华书店北京发行所

开本：787mm×1092mm　1/24

印张：$3\frac{1}{3}$

字数：43千字

定价：35.00元

编 辑 委 员 会

前　言

　　井冈蜜柚是江西省吉安市生产栽培的优质蜜柚果品的统称，以"井冈"作为品牌，以选育的金沙柚、金兰柚、桃溪蜜柚3个优良品系作为主导品种，辅之引进、优选蜜柚良种，并不断对主推品种更新换代。井冈蜜柚肉质脆嫩、汁多化渣、甜酸适中、口味纯正，具有止咳平喘、清热化痰、健胃消食、润肠通便、美容抗衰老等功效，营养价值高，可广泛应用于食品、医药等行业。

　　自2009年井冈蜜柚被列为吉安果业主导产业以来，吉安市委、市政府先后出台了多个重要文件，大力实施井冈蜜柚"百千万"示范工程和"千村万户老乡工程"建设，加速推进井冈蜜柚产业规模化、标准化和品牌化，有力地推动了吉安井冈蜜柚产业的发展。井冈蜜柚现已成为江西省果业三大金字招牌（井冈蜜柚、赣南脐橙、南丰蜜橘）之一。庐陵大地正呈现"井冈处处蜜柚香，千村万户奔小康"的如画风景。

　　井冈蜜柚生产中，要严格做好质量安全管控，确保井冈蜜柚质量安全。如果没有做好质量安全管控，井冈蜜柚中的农药残留等会给蜜柚质量安全带来较大的风险隐患。蜜柚种植过程中农药使用不规范（超范围、超剂量或超浓度、超次数使用农药，以及不遵守安全间隔期等）是导致其质量安全风险的重要隐患来源。因此，蜜柚产业迫切需要先进适用的质量安全生产管控技术。在江西省重大科技研发专项"井冈蜜柚安全评估与品质识别及评价技术研究"（20203ABC28W014-5）的资助下，我们根据多年的研究成果和生产实践经验，编写了《井冈蜜柚全产业链质量安全风险管控手册》。本书遵循全程控制的理念，在园地管理、科学施肥、水分管理、病虫害防治、包装标识、储藏保鲜等环节提出了质量控制措施，以更好地推广井冈蜜柚质量安全生产管控技术，保障井冈蜜柚质量安全。

　　本书在编写过程中得到了相关专家的悉心指导，吸收了同行专家的研究成果，参考了国内有关文献，谨在此致以衷心的感谢。由于编者水平有限，疏漏与不足之处在所难免，敬请广大读者批评指正。

编　者

2023年1月

目　　录

前言

一、井冈蜜柚主栽品种

目前，井冈蜜柚的主栽品种为金沙柚、金兰柚和桃溪蜜柚。

金沙柚

果形端正，梨形，果皮光滑，色泽金黄，10月上中旬成熟，甜酸适度，风味纯正，回味甘或略苦。

金兰柚

果实倒卵形或梨形，色泽金黄，10月下旬成熟，清甜少酸，风味纯正，回味略苦。

桃溪蜜柚

　　原产新干县桃溪乡，果实葫芦形或梨形，果蒂端多不规则，果皮较粗糙，色泽金黄，9月中下旬成熟，甜酸可口，风味浓郁、纯正。

二、井冈蜜柚质量安全隐患

　　井冈蜜柚主要病虫害有黄龙病、溃疡病、炭疽病、黑点病、脚腐病、红蜘蛛、锈瘿螨、介壳虫、潜叶蛾、木虱、蓟马、蚜虫、凤蝶、潜叶甲等。病虫害防治以农业防治和物理防治为基础，提倡生物防治，科学安全使用化学农药防治。在病虫害防治过程中，如果化学农药使用不当，有可能引起农药残留超标等质量安全问题；另外，为延长储藏时间而非法使用保鲜剂等食品添加剂，也有可能会引起食品安全隐患。

农药

三、井冈蜜柚生产关键技术

（一）科学施肥

幼龄树施肥

幼龄柚树应坚持"薄肥勤施"的原则，以氮肥为主，适当配合磷、钾肥，并结合深翻改土，增施绿肥、厩肥等有机肥，与无机肥配合施用。着重攻好春、夏、秋三次梢，每次新梢萌发前一周及新梢自剪后各施1次速效肥。

结果树施肥

　　施肥时期：结果树施好三次肥。一是2月中下旬施萌芽肥；二是6月下旬施壮果肥；三是10月中下旬施采果肥。

　　施肥原则：进入结果期后，年施肥量须根据树龄、树势和结果量等具体情况而定。随着树龄及结果量的增加，施肥量要逐年酌情增加。

以4～5年生结果树为例：

在2月中下旬施萌芽肥，株施尿素0.25～0.5kg、复合肥0.5～0.75kg和硼砂0.1～0.15kg。

6月中下旬施壮果肥，株施硫酸钾型复合肥0.75～1kg、钙镁磷肥0.5～0.75kg和腐熟饼肥2.5～5kg。

10月中下旬深施采果肥，株施生物有机肥7.5～10kg、腐熟饼肥1.5～2.5kg、钙镁磷肥1～2kg和石灰0.5kg。

萌芽肥

壮果肥

采果肥

施肥方法：施肥方式有环状沟施、条状沟施、放射沟施、穴施等。

在树冠滴水线附近开沟为宜，根浅浅施，根深深施；春夏浅施，秋季深施；无机肥浅施，有机肥深施；氮肥浅施，磷钾肥深施。

根外追肥方法：花期叶面喷施0.1%硼砂、0.2% ～ 0.3%尿素、0.2% ～ 0.3%磷酸二氢钾、0.1% ～ 0.2%硫酸锌和0.1% ～ 0.2%硫酸镁混合液；幼果膨大期用0.3%尿素及0.2%磷酸二氢钾（或含钙叶面肥）混合液进行叶面喷施，根外追肥可结合病虫害防治进行。

环状沟施　　　条状沟施　　　放射沟施　　　穴施

（二）水分管理

灌溉

灌溉时期：根据柚树需水规律来确定，发芽前后到开花期、夏季高温期和果实膨大期等如遇干旱，应及时灌水，采果后为恢复树势和安全越冬防冻要灌水；根据土壤含水量来确定，通常以相当于田间持水量的60%～80%为土壤适宜含水量。

灌水量：根据树龄、土壤质地、地形地势等来确定，总要求是以水分浸透根系分布层为宜。幼树宜少量多次，成年树宜足量少次；沙质土宜适量多次，黏性土保水性好次数宜少；地势高坡度大的柚园灌水要足量。

灌溉方式：可采用滴灌、沟灌等灌溉方式。

排水

在低洼地、河滩地的柚树园，要特别注意排水，多雨季节要做好疏通排水沟渠的工作。总体原则是：园外排水沟要与园内排水沟相通并低20～30cm，园内排水沟要与行间排水沟相通并低20cm左右，确保根系生长层不积水。

（三）整形修剪

幼树整形

　　以多主枝自然开心形为主。将一年生幼苗在60cm左右处定干并选留三个生长健壮、方位较好的主枝，主枝与主干延长线成40°～50°角，每条主枝上选留2～3个分布均匀的副主枝，在树冠外围形成多主枝自然开心形树冠，主干离地面30～35cm以下的枝梢全部剪除。除去病、虫、密枝，使树冠外末级枝梢健壮，分布疏落有致，内膛春梢多而健壮，且通风透光良好，叶片多而厚，浓绿，树冠呈结构松散的波浪式开心形树冠。

自然开心形

初结果树的修剪

疏去过多春梢：树冠外围每枝梢上只留2根春梢，内膛弱枝上抽发的春梢可留2～3根。春梢长度超过25cm可在春梢自剪后摘心。疏除原则为春梢去弱留强。

控夏梢及抹晚秋梢、冬梢：初结果柚树，应及时抹除夏梢，防止以梢冲果，造成落果。6月底后，挂果少的柚树可以放一次晚夏梢，挂果多的柚树不放夏梢。7月下旬至8月上旬统一放一次秋梢，9月中旬以后抽发的秋梢和冬梢一律抹除。外围每根基枝上只留两根夏、秋梢，夏梢控制在50cm以内，秋梢控制在35cm以内。

短截过旺夏秋梢：初结果树顶端优势明显，树冠外围枝梢生长势强，往往引起梢果矛盾。因此，应对树冠顶部生长过旺的夏、秋梢及时短截或抹除，加速横向生长，降低树冠高度，以利于结果。

成年结果树的修剪

　　调整树体结构： 进入盛果期后，对于较密集的骨干枝要进行适当疏剪，采取"开天窗"的方法将光线引入内膛，防止内膛空秃。对已衰老的侧枝及时选择较强的枝组来替换更新，使树冠保持健壮的树势。

　　春季枝条回缩： 在春梢萌芽前，对于柚树树冠中上部较大的衰退枝组，在直径1.5 ～ 2.0cm的地方留下15 ～ 20cm枝桩，将其回缩。

（四）促花保果

促花

促花方式：有轻剪长放、开张骨干枝角度、拉枝、环扎、环割和喷施植物生长调节剂等。

环扎或环割方式：在9月中下旬晴天的早晚，于主枝处环扎或环割韧皮部。环扎选12～14号铁丝在主干或主枝上环扎一圈，以缚紧树皮为度，不能扎入树皮，45～50d后铁丝陷入树皮或发现树叶

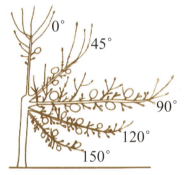

拉枝角度与开花结果的关系

变黄时，应立即解缚。环割不要割主干，也不要割整圈，宜左半圈右半圈错开环割。

喷施植物生长调节剂：一般在9月中旬至10月中旬喷施，连续喷施2次，间隔20～25d。

保果

保果可采取利用蜜蜂等昆虫传粉、进行人工辅助授粉、喷施植物生长调节剂或叶面肥、环扎、环割等方式。对于梢果矛盾较重的旺长树，于5月中下旬对主枝环扎或环割，以达到保果目的，操作方法同幼树整形。

人工辅助授粉

（五）病虫害防治

农业防治

培育无病健苗，加强管理，提高柚树抗性。

人工刮除卵块，摘除病果、虫茧，剪去病虫枝叶，减少病虫发生基数。

冬季清园，减少病虫源。

繁育良种苗木

物理防治

　　每1.3 ～ 1.7hm^{2}安装一盏频振式杀虫灯诱杀吸果夜蛾、卷叶蛾、金龟子等害虫成虫；利用糖醋液诱杀吸果夜蛾、金龟子等害虫成虫；利用黄板诱杀粉虱、蚜虫、木虱等害虫成虫。

生物防治

　　生草栽培：根据夏季或冬季季节不同选留原生杂草或种植浅根系绿肥，在柚园株行间进行生草栽培。

　　夏季可种植赤小豆、木豆、毛蔓豆、决明（假绿豆）、蝴蝶豆、木薯、大叶猪屎豆、黄花草木樨、饭豆等。

　　冬季可种植肥田萝卜、油菜、燕麦、黑麦、紫花豌豆、箭筈豌豆、苕子、黄花苜蓿、紫云英、蚕豆等。

刈割覆盖树盘和保护利用天敌：行间杂草或绿肥植物长至30～40cm时，及时刈割覆盖蜜柚树盘，割后留茬10cm，为瓢虫、草蛉、寄生蜂等益虫提供良好的栖息繁衍生态环境。果园周边可种植藿香蓟等，为害虫天敌的生存、繁殖提供良好的生态环境。

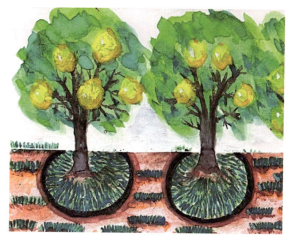

性诱剂诱杀害虫：夏、秋季，在柚园阴凉通风、距地面1.2m处挂放诱捕器，每公顷挂放3～5个，每月更换一次性诱芯。

化学防治

早期食饵诱杀：将食饵与杀虫剂药液混合8～10h后，每公顷柚园放50～100堆，每堆20～30g，2～3d更换一次，诱杀鞘翅目害虫。

合理用药：

选对药：根据井冈蜜柚病虫害的发生种类和情况正确选用农药，掌握防治适期，交替用药。严禁使用国家明令禁止使用的农药。

合理用：参照本书附录3，按照要求合理使用农药。

间隔到：控制用药量和用药次数，并严格执行农药的安全间隔期。

四、井冈蜜柚生产管理措施

（一）园址选择

选在非疫区、无污染源、土层深厚、质地疏松肥沃、地下水位低、排水通气好、保水保肥力强、有机质含量高、交通便利、水源较好的山坡丘陵地及易排水的平地和滩地种植。其中以海拔300m以下且坡度小于25°的南向坡面最为适宜。

（二）控梢矮化

通过拉枝、撑枝、疏删、短截、摘心、抹芽等枝梢芽调控措施，培育多主枝自然开心形的矮化树形。树冠高大郁闭的，应在果实采摘后立即采用"开天窗"方式进行大枝修剪，可迅速降低高度，但"天窗"不宜过大。秋季适度环割、断根或吊枝，可控制晚秋梢生长，促进花芽分化。

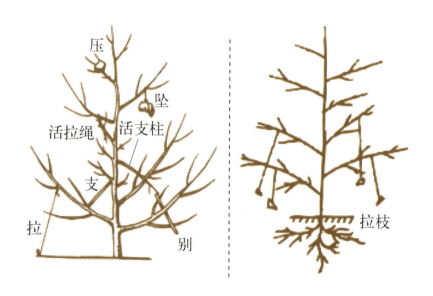

（三）合理疏果

及早于花蕾露白前，梢旺疏梢、花多疏花，减少树体养分消耗，促进壮梢养花；及时于柚果桌球期对多果枝疏果，柑粒期因树疏果定挂果量。合理开展疏枝疏果或人工疏果工作，以确保当年的产量和品质。建议每个短果枝保留1～2个果，中果枝保留2～3个果，长果枝保留3～5个果。

（四）水肥管理

　　充分利用果园引、灌、喷配套设施，采果后以磷、氮肥为主；小雪、大雪节气以磷肥为主，氮、钾肥配合，补充镁和硼、锌、锰等中微量元素肥；春梢萌发期氮、钾肥配合；柚果桌球期以氮肥为主，磷、钾肥配合；柚果柑粒期氮、磷、钾、钙肥补足，进行水肥一体化浇施，实现省力科学施肥。

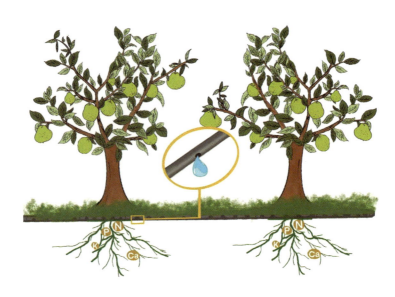

（五）套袋

7月上旬稳果之后及时套袋，减少病虫害发生和农药污染。

选用柚类专用育果纸袋，袋口附扎丝，袋底两侧各有一个通气孔，规格与柚子品种特性和果实大小相适应。

在晴天进行套袋，以8：00左右或16：00以后为宜，并避开露水和高温时段。遇连续雨天，应待天晴后天气稳定2～3d再行套袋。

（六）产品检验

　　采收前，对果品进行农药残留检验，有资质的单位可自行检验或委托其他有资质的单位检验，无检验资质的单位需委托具有资质的单位检验。检验合格后，产品方可上市销售。

　　检验报告至少应保存两年。

正本

No: XXXXXXXXX

检验报告

产品名称：＿＿＿＿＿XXXX＿＿＿＿＿

受检单位：＿＿＿XXXXXXXXXXXXX＿＿＿

检验类别：＿＿＿委托抽检＿＿＿

检验单位：XXXXXXXXXXXXXXXXXXXXXXXXXXXXXXXXX

（七）分类采收

鲜食用果实采摘时间：果皮转色在80%以上，有很浓的香气和风味，果实肉质已软化，可溶性固形物含量达到商品果标准时开始采摘。

储藏用果实采摘时间：储藏或需要长途运输的果实，比鲜食用果实采摘稍早，果皮转色70%，果实已充分长成，肉质尚未完全软化时即可采摘。

（八）分级包装

果实采下后，先在果园内初选，将畸形果、小果、病虫果及机械损伤果拣出。

将符合基本要求的柚果转运至清洁、独立的包装区，分级包装时应戴洁净手套或双手清洗干净。按标准进行分级，包装材料应符合食品级材料要求。

（九）标识上市

井冈蜜柚上市销售时，相关企业、合作社、家庭农场等规模生产主体应出具产品合格证。

鼓励应用二维码等现代信息技术和网络技术，建立产品追溯信息体系，将井冈蜜柚生产、运输流通、销售等各节点信息互联互通，实现井冈蜜柚产品从生产到消费的全程质量管控。

承诺达标合格证

我承诺对生产销售的食用农产品：

■不使用禁限用农兽药、停用兽药和非法添加物
■常规农药兽药残留不超标
■对承诺的真实性负责

承诺依据：　□委托检测 □自我检测
　　　　　　■自我承诺 ■内部质量控制

产品名称：XXXX
重（数）量：XXKG
产地：江西省/XX市/XX县
生产者：XXXXXXXXXX
开具人：XXXXXXXXXX
联系方式：XXXXXXXXXX
开具日期：XX-XX-XX
NO. XXXXXXXXXXXXXXXXXXXX

采购商请扫码索证索票，获取产品数据，建立追溯链条

（十）防腐

　　采摘后的当天，将已分好级的柚果用净水洗去泥沙、污斑，全果浸于批准使用的杀菌剂或保鲜液中2～5s后捞起晾干。

　　浸防腐保鲜剂后的柚果，置阴凉通风的场所晾干发汗，待果实失重达3%～4%，果皮稍微变软且有弹性，即可逐果贴上商标。

　　用0.015～0.030mm厚的聚乙烯薄膜袋进行单果包装，薄膜袋包装打结时留下1～2个通气口或事先打2～4个直径各1cm左右的圆形通气孔，以便储藏中可进行适度的气体和水气交换，以免久储果肉变味。

（十一）储藏

常温储藏

采用常温通风库，并具有隔热和防鼠设施。库内用木材或合金钢架搭多层架堆码，可散放，也可装入竹箩、木条箱、塑料箱和纸箱等堆放。通过开关气窗通风控制室内温湿度。

冷库储藏

柚类储藏温度宜为5～10℃。在整个冷藏期间要保持库温稳定，波动幅度不得超过±1℃。测温仪器的精度要求为±0.5℃。测温仪应按计量器具管理要求，定期检查。

储存期限

　　常温储藏金沙柚和金兰柚保鲜期为90 ～ 100d，桃溪蜜柚最佳风味期为30 ～ 45d，不宜久存，宜以鲜销为主。

（十二）进出库管理

　　果实一旦入库储藏，应尽量减少倒筐检测和翻动的次数，储藏期间应每周检查一次果实腐烂、失重、新鲜程度、枯水、浮皮和库内空气清新程度等情况，据此确定果实储藏寿命。当果实腐烂接近10%时应及时出库。

　　通风库储藏的果实可直接出库销售。冷库储藏的果实在无法保证全程冷链的情况下应梯度升温，以出库后果面不起冷凝水为宜，每天升温应低于3℃，升至物流环境温度为止且在库内保持48h。

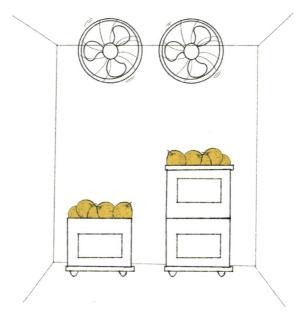

五、农药管理

（一）选购

一要看证照

要到证照齐全、信誉良好的合法经营农资商店购买农药。不要从流动商贩或无农药经营许可证的农资商店购买。

二要看标签

　　要认真查看产品包装和标签标识上的农药名称、有效成分及含量、剂型、农药登记证号、农药生产许可证号或农药生产批准文件号、产品标准号、企业名称及联系方式、生产日期、产品批号、有效期、用途、使用技术和使用方法、毒性等，查验产品质量合格证。不要盲目轻信广告宣传和商家的推荐。

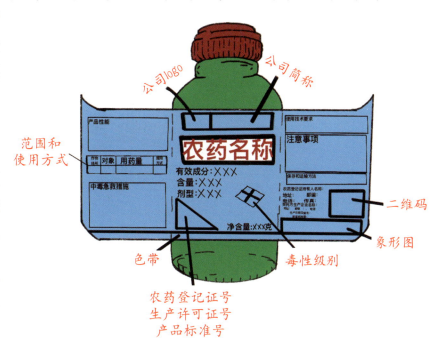

三要索取票据

要向农药经营者索要销售凭证，并连同产品包装物、标签等妥善保存好，以备出现质量等问题时作为索赔依据。不要接受未注明品种、名称、数量、价格及销售者的字据或收条。

（二）存放

　　存放农药的仓库应清洁、干燥、安全，有相应的标识，并配备通风、防潮、防火、防爆、防虫、防鼠、防鸟和防止渗漏等设施；不同种类的农药分区域存放，并清晰标识，危险品应有危险警告标识，有专人管理，并有进出库领用记录。

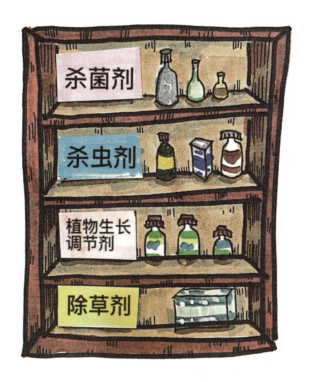

（三）使用

农药使用者作业时须穿戴防护装备（如帽子、保护眼罩、口罩、手套、防护服等），以预防农药中毒。如果身体不适，应及时停止喷洒农药；如果出现呼吸困难、呕吐、抽搐等症状，应立即就医，并准确告诉医生喷洒农药的名称及种类。

（四）清理

　　将剩余药液、施药器械清洗液、农药包装容器等及时收集起来并进行无害化处理，禁止随意丢弃。

（五）记录

保留农药使用记录，包括所使用农药的生产企业名称、产品名称、有效成分及含量、登记证号、安全间隔期以及施药时间、施药地点、施药方法、稀释倍数、施药人员姓名等信息。

六、产品认证

绿色食品

　　绿色食品是指产自优良生态环境、按照绿色食品标准生产、实行全程质量控制并获得绿色食品标志使用权的安全、优质食用农产品及相关产品。

有机食品

有机食品也叫生态或生物食品等。有机食品是国际上对无污染天然食品比较统一的提法。有机食品通常来自有机农业生产体系，根据国际有机农业生产要求和相应的标准生产加工。

农产品地理标志

　　农产品地理标志是指标示农产品来源于特定地域，产品品质和相关特征主要取决于自然生态环境和历史人文因素，并以地域名称冠名的特有农产品标志。

全国名特优新农产品

　　全国名特优新农产品，是指在特定区域（原则上以县域为单元）内生产、具备一定生产规模和商品量、具有显著地域特征和独特营养品质特色、有稳定的供应量和消费市场、公众认知度和美誉度高并经农业农村部农产品质量安全中心登录公告和核发证书的农产品。

附　录

杀虫剂

主要用来防治农、林、卫生、储粮及畜牧等方面的害虫。

杀菌剂

　　对引起植物病害的真菌、细菌或病毒等病原具有杀灭作用或抑制作用，用于预防或防治作物的各种病害的药剂。

除草剂

用来杀灭或控制杂草生长的农药。

植物生长调节剂

　　人工合成的对植物生长发育有调节作用的化学物质或从生物中提取的天然植物激素。

农药毒性分级及其标识

农药毒性分为剧毒、高毒、中等毒、低毒和微毒5个级别。

级别	对大鼠经口半数致死剂量（mg/kg）	对大鼠经皮半数致死剂量（mg/kg）	对大鼠吸入半数致死浓度（mg/m³）	产品标签应标注的黑色标识和红色描述文字
剧毒	≤5	≤20	≤20	剧毒
高毒	>5~50	>20~200	>20~200	高毒
中等毒	>50~500	>200~2 000	>200~2 000	中等毒
低毒	>500~5 000	>2 000~5 000	>2 000~5 000	低毒
微毒	>5 000	>5 000	>5 000	微毒

资料来源：农业农村部农药检定所。

附录2 井冈蜜柚生产中禁止使用的农药清单

《农药管理条例》规定，农药生产应取得农药登记证和生产许可证，农药经营应取得经营许可证，农药使用应按照标签规定的使用范围、安全间隔期用药，不得超范围用药。剧毒、高毒农药不得用于防治卫生害虫，不得用于蔬菜、瓜果、茶叶、菌类、中草药材的生产，不得用于水生植物的病虫害防治。

　　根据相关法规，井冈蜜柚生产中禁止使用的农药名录如下：

　　六六六、滴滴涕、毒杀芬、二溴氯丙烷、杀虫脒、二溴乙烷、除草醚、艾氏剂、狄氏剂、汞制剂、砷类、铅类、敌枯双、氟乙酰胺、甘氟、毒鼠强、氟乙酸钠、毒鼠硅、甲胺磷、对硫磷、甲基对硫磷、久效磷、磷胺、苯线磷、地虫硫磷、甲基硫环磷、磷化钙、磷化镁、磷化锌、硫线磷、蝇毒磷、治螟磷、特丁硫磷、氯磺隆、胺苯磺隆、甲磺隆、福美胂、福美甲胂、三氯杀螨醇、林丹、硫丹、溴甲烷、氟虫胺、杀扑磷、百草枯、2,4-滴丁酯、甲拌磷、甲基异柳磷、水胺硫磷、灭线磷、克百威、氧乐果、灭多威、涕灭威、内吸磷、硫环磷、氯唑磷、乙酰甲胺磷、丁硫克百威、乐果。

　　注：2,4-滴丁酯自 2023 年 1 月 23 日起禁止使用。溴甲烷可用于"检疫熏蒸梳理"。杀扑磷已无制剂登记。甲拌磷、甲基异柳磷、水胺硫磷、灭线磷自 2024 年 9 月 1 日起禁止销售和使用。

附录3 井冈蜜柚主要病虫害防治

主要病虫害防治

病虫害名称	危害特点	防治方法	登记农药
潜叶蛾	幼虫危害嫩叶、新梢、果实表皮，6—9月为发生危害高峰期	加强冬季清园，释放寄生蜂，安装诱杀灯，及时抹除早夏梢，统一放梢，嫩梢长1cm时及时施药，选用已登记农药，按标签说明书推荐用量使用	阿维菌素·噻虫胺、氯氰·丙溴磷、阿维菌素、溴氰菊酯、高效氯氟氰菊酯、虫螨腈
红蜘蛛	危害嫩叶、新梢、果实，4—6月和9—11月为发生危害高峰期	释放捕食螨，虫量达到防治指标时用药，选用已登记农药，按标签说明书推荐用量使用	唑螨酯、氟啶胺、乙螨唑、联肼·螺螨酯、矿物油、阿维·哒螨灵、炔螨特、阿维菌素
介壳虫	危害嫩叶、树干、果实	释放盾蚧缨小蜂和瓢虫，虫量达到防治指标时用药，选用已登记农药，按标签说明书推荐用量使用	联苯·螺虫酯、矿物油、螺虫乙酯、螺虫·吡丙醚、噻嗪酮、阿维·啶虫脒

（续）

病虫害名称	危害特点	防治方法	登记农药
锈瘿螨	危害果实	加强整枝修剪，保持通风透光，从5月开始，虫量达到防治指标时用药，选用已登记农药，按标签说明书推荐用量使用	苯丁锡、阿维·苯丁锡、阿维·虱螨脲、阿维菌素、虱螨脲、氟啶胺、唑虫酰胺
吸果夜蛾	危害果实	树冠四方悬挂卫生球，每方悬挂2枚，驱避成虫；安装诱杀灯，果实套袋	/
大小实蝇	危害果实	安装诱杀灯，果实套袋，果皮软化期虫量达到防治指标时用药，选用已登记农药，按标签说明书推荐用量使用	噻虫嗪、吡虫啉、甲氨基阿维菌素苯甲酸盐、阿维菌素、氯氰·毒死蜱

（续）

病虫害名称	危害特点	防治方法	登记农药
天牛	5—6月成虫出蛰活动初期，危害树干	对树盘、枝干喷药，杀灭天牛成虫或刚孵化的幼虫。一旦发现天牛蛀孔危害，对着有新鲜木屑的蛀孔喷药杀幼虫。6—8月经常检查树干，用小刀刮除虫卵及幼虫	噻虫啉
木虱	危害嫩梢、新梢，成虫可通过转移危害新植株而传播黄龙病	同一个果园内种植的品种尽量一致，加强肥水管理，做好冬季清园，在露芽期选用已登记农药防治	噻虫嗪、虱螨脲、吡丙醚、香芹酚、高效氟氯氰菊酯
疮痂病	危害果实、叶片	春梢萌发期和幼果期加强施药，选用已登记农药，按标签说明书推荐用量使用	代森锰锌、氟嘧·戊唑醇、苯甲·克菌丹、唑醚·代森联、苯醚甲环唑、甲基硫菌灵、唑醚·锰锌、唑醚·戊唑醇、硫黄、苯甲·氟酰胺

（续）

病虫害名称	危害特点	防治方法	登记农药
溃疡病	危害叶片、幼果，造成落叶落果	严格检疫，冬季清园，发现植株感染溃疡病，统一清除病枝叶集中处理，及时抹芽统一放梢，嫩梢期及时使用已登记农药预防	王铜、波尔多液、喹啉铜、中生·乙酸铜、氢氧化铜、甲基营养型芽孢杆菌LW-6、松脂酸铜、噻唑锌
黄龙病	危害枝梢、叶片、果实、花、根系	严格检疫，发现后及时挖除病树集中处理	/
炭疽病	危害枝梢、叶片、果实	加强冬季清园，发现植株感染炭疽病，统一清除病枝叶集中处理，嫩梢期及时使用已登记农药预防	代森锰锌、氟硅唑、唑醚·代森联、肟菌酯、二氰·吡唑酯、氟环唑、吡唑醚菌酯、氟啶胺
树脂病（砂皮病）	危害叶片、幼果	4—6月和8—9月做好排水、培肥工作，防止日灼和加强冬季防冻和伤口保护，使用已登记农药预防	唑醚·甲硫灵、多·锰锌、苯甲·吡唑酯、苯甲·锰锌、唑醚·戊唑醇、苯甲·克菌丹、氟硅唑

附录4　井冈蜜柚中农药最大残留限量

农药最大残留限量

序号	农药名称	农药类别	最大残留限量（mg/kg）	食品类别/名称
1	2,4-滴和2,4-滴钠盐（2,4-D and 2,4-D Na）	除草剂	1	柑橘类水果
2	阿维菌素（abamectin）	杀虫剂	0.01	柑橘类水果
3	胺苯磺隆（ethametsulfuron）	除草剂	0.01	柑橘类水果
4	巴毒磷（crotoxyphos）	杀虫剂	0.02*	柑橘类水果
5	百草枯（paraquat）	除草剂	0.02*	柑橘类水果
6	保棉磷（azinphos-methyl）	杀虫剂	1	水果
7	倍硫磷（fenthion）	杀虫剂	0.05	柑橘类水果
8	苯丁锡（fenbutatin oxide）	杀螨剂	5	柚
9	苯醚甲环唑（difenoconazole）	杀菌剂	0.6	柑橘类水果
10	苯嘧磺草胺（saflufenacil）	除草剂	0.01*	柑橘类水果
11	苯线磷（fenamiphos）	杀虫剂	0.02	柑橘类水果

（续）

序号	农药名称	农药类别	最大残留限量（mg/kg）	食品类别/名称
12	吡丙醚（pyriproxyfen）	杀虫剂	0.5	柑橘类水果
13	吡虫啉（imidacloprid）	杀虫剂	1	柚
14	吡氟禾草灵和精吡氟禾草灵（fluazifop and fluazifop-P-butyl）	除草剂	0.01	柑橘类水果
15	吡唑醚菌酯（pyraclostrobin）	杀菌剂	3	柚
16	丙酯杀螨醇（chloropropylate）	杀虫剂	0.02*	柑橘类水果
17	草铵膦（glufosinate-ammonium）	除草剂	0.05	柑橘类水果
18	草甘膦（glyphosate）	除草剂	0.1	柑橘类水果
19	草枯醚（chlornitrofen）	除草剂	0.01*	柑橘类水果
20	草芽畏（2,3,6-TBA）	除草剂	0.01*	柑橘类水果
21	虫酰肼（tebufenozide）	杀虫剂	2	柑橘类水果
22	除虫菊素（pyrethrins）	杀虫剂	0.05	柑橘类水果
23	除虫脲（diflubenzuron）	杀虫剂	1	柚
24	敌百虫（trichlorfon）	杀虫剂	0.2	柑橘类水果

（续）

序号	农药名称	农药类别	最大残留限量（mg/kg）	食品类别/名称
25	敌草快（diquat）	除草剂	0.02	柑橘类水果
26	敌敌畏（dichlorvos）	杀虫剂	0.2	柑橘类水果
27	地虫硫磷（fonofos）	杀虫剂	0.01	柑橘类水果
28	丁氟螨酯（cyflumetofen）	杀螨剂	0.3	柑橘类水果
29	丁硫克百威（carbosulfan）	杀虫剂	0.01	柑橘类水果
30	啶虫脒（acetamiprid）	杀虫剂	2	柑橘类水果
31	啶酰菌胺（boscalid）	杀菌剂	2	柑橘类水果
32	毒虫畏（chlorfenvinphos）	杀虫剂	0.01	柑橘类水果
33	毒菌酚（hexachlorophene）	杀菌剂	0.01*	柑橘类水果
34	毒死蜱（chlorpyrifos）	杀虫剂	2	柚
35	对硫磷（parathion）	杀虫剂	0.01	柑橘类水果
36	多菌灵（carbendazim）	杀菌剂	0.5	柚
37	多杀霉素（spinosad）	杀虫剂	0.3*	柑橘类水果
38	噁唑菌酮（famoxadone）	杀菌剂	1	柚

（续）

序号	农药名称	农药类别	最大残留限量（mg/kg）	食品类别/名称
39	二甲戊灵（pendimethalin）	除草剂	0.03	柑橘类水果
40	二氰蒽醌（dithianon）	杀菌剂	3*	柚
41	二溴磷（naled）	杀虫剂	0.01*	柑橘类水果
42	氟吡呋喃酮（flupyradifurone）	杀虫剂	0.7*	柚
43	氟吡甲禾灵和高效氟吡甲禾灵（haloxyfop-methyl and haloxyfop-P-methyl）	除草剂	0.02*	柑橘类水果
44	氟虫腈（fipronil）	杀虫剂	0.02	柑橘类水果
45	氟虫脲（flufenoxuron）	杀虫剂	0.5	柚
46	氟除草醚（fluoronitrofen）	除草剂	0.01*	柑橘类水果
47	氟啶虫胺腈（sulfoxaflor）	杀虫剂	0.15*	柚
48	氟氯氰菊酯和高效氟氯氰菊酯（cyfluthrin and beta-cyfluthrin）	杀虫剂	0.3	柑橘类水果
49	咯菌腈（fludioxonil）	杀菌剂	10	柑橘类水果
50	庚烯磷（heptenophos）	杀虫剂	0.01*	柑橘类水果

（续）

序号	农药名称	农药类别	最大残留限量（mg/kg）	食品类别/名称
51	环螨酯（cycloprate）	杀螨剂	0.01*	柑橘类水果
52	活化酯（acibenzolar-S-methyl）	杀菌剂	0.015	柑橘类水果
53	甲胺磷（methmidophos）	杀虫剂	0.05	柑橘类水果
54	甲拌磷（phorate）	杀虫剂	0.01	柑橘类水果
55	甲磺隆（metsulfuron-methyl）	除草剂	0.01	柑橘类水果
56	甲基对硫磷（parathion-methyl）	杀虫剂	0.02	柑橘类水果
57	甲基硫环磷（phosfolan-methl）	杀虫剂	0.03*	柑橘类水果
58	甲基异柳磷（isofenphos-methyl）	杀虫剂	0.01*	柑橘类水果
59	甲氰菊酯（fenpropathrin）	杀虫剂	5	柚
60	甲霜灵和精甲霜灵（metalaxyl and metalaxy-M）	杀菌剂	5	柑橘类水果
61	甲氧虫酰肼（methoxyfenozide）	杀虫剂	2	柑橘类水果
62	甲氧滴滴涕（methoxychlor）	杀虫剂	0.01	柑橘类水果
63	腈苯唑（fenbuconazole）	杀菌剂	0.5	柑橘类水果

（续）

序号	农药名称	农药类别	最大残留限量（mg/kg）	食品类别/名称
64	久效磷（monocrotophos）	杀虫剂	0.03	柑橘类水果
65	抗蚜威（pirimicarb）	杀虫剂	3	柑橘类水果
66	克百威（carbofuran）	杀虫剂	0.02	柑橘类水果
67	乐果（dimethoate）	杀虫剂	0.01	柑橘类水果
68	乐杀螨（binapacryl）	杀螨剂、杀菌剂	0.05*	柑橘类水果
69	联苯菊酯（bifenthrin）	杀虫剂、杀螨剂	0.05	柚
70	邻苯基苯酚（2-phenylphenol）	杀菌剂	10	柑橘类水果
71	磷胺（phosphamidon）	杀虫剂	0.05	柑橘类水果
72	硫丹（endosulfan）	杀虫剂	0.05	柑橘类水果
73	硫环磷（phosfolan）	杀虫剂	0.03	柑橘类水果
74	硫线磷（cadusafos）	杀虫剂	0.005	柑橘类水果
75	螺虫乙酯（spirotetramat）	杀虫剂	0.5*	柑橘类水果

（续）

序号	农药名称	农药类别	最大残留限量（mg/kg）	食品类别/名称
76	螺螨酯（spirodiclofen）	杀螨剂	0.4	柑橘类水果
77	氯苯甲醚（chloroneb）	杀菌剂	0.01	柑橘类水果
78	氯虫苯甲酰胺（chloranraniliprole）	杀虫剂	0.5*	柑橘类水果
79	氯氟氰菊酯和高效氯氟氰菊酯（cyhalothrin and lambda-cyhalothrin）	杀虫剂	0.2	柚
80	氯磺隆（chlorsulfuron）	除草剂	0.01	柑橘类水果
81	氯菊酯（permethrin）	杀虫剂	2	柑橘类水果
82	氯氰菊酯和高效氯氰菊酯（cypermethrin and beta-cypermethrin）	杀虫剂	2	柚
83	氯酞酸（chlorthal）	除草剂	0.01*	柑橘类水果
84	氯酞酸甲酯（chlorthal-dimethyl）	除草剂	0.01	柑橘类水果
85	氯唑磷（isazofos）	杀虫剂	0.01	柑橘类水果
86	马拉硫磷（malathion）	杀虫剂	4	柚

（续）

序号	农药名称	农药类别	最大残留限量（mg/kg）	食品类别/名称
87	茅草枯（dalapon）	除草剂	0.01*	柑橘类水果
88	咪鲜胺和咪鲜胺锰盐（prochloraz and prochloraz-manganese chloride complex）	杀菌剂	10	柑橘类水果
89	醚菌酯（kresoxim-methyl）	杀菌剂	0.5	柚
90	嘧霉胺（pyrimethanil）	杀菌剂	7	柑橘类水果
91	灭草环（tridiphane）	除草剂	0.05*	柑橘类水果
92	灭多威（methomyl）	杀虫剂	0.2	柑橘类水果
93	灭螨醌（acequincyl）	杀螨剂	0.01	柑橘类水果
94	灭线磷（ethoprophos）	杀线虫剂	0.02	柑橘类水果
95	内吸磷（demeton）	杀虫剂、杀螨剂	0.02	柑橘类水果
96	氰戊菊酯和S-氰戊菊酯（fenvalerate and esfenvalerate）	杀虫剂	0.2	柑橘类水果
97	炔螨特（propargite）	杀螨剂	5	柚

（续）

序号	农药名称	农药类别	最大残留限量（mg/kg）	食品类别/名称
98	噻虫胺（clothianidin）	杀虫剂	0.07	柑橘类水果
99	噻虫嗪（thiamethoxam）	杀虫剂	0.5	柑橘类水果
100	噻菌灵（thiabendazole）	杀菌剂	10	柚
101	噻螨酮（hexythiazox）	杀螨剂	0.5	柚
102	噻嗪酮（buprofezin）	杀虫剂	0.5	柚
103	三氟硝草醚（fluorodifen）	除草剂	0.01*	柑橘类水果
104	三氯杀螨醇（dicofol）	杀螨剂	0.01	柑橘类水果
105	三唑锡（azocyclotin）	杀螨剂	0.2	柚
106	杀虫脒（chlordimeform）	杀虫剂	0.01	柑橘类水果
107	杀虫畏（tetrachlorvinphos）	杀虫剂	0.01	柑橘类水果
108	杀螟硫磷（fenitrothion）	杀虫剂	0.5	柑橘类水果
109	杀扑磷（methidathion）	杀虫剂	0.05	柑橘类水果
110	杀线威（oxamyl）	杀虫剂	5*	柑橘类水果
111	双甲脒（amitraz）	杀螨剂	0.5*	柑橘类水果

（续）

序号	农药名称	农药类别	最大残留限量（mg/kg）	食品类别/名称
112	水胺硫磷（isocarbophos）	杀虫剂	0.02	柑橘类水果
113	四螨嗪（clofentezine）	杀螨剂	0.5	柚
114	速灭磷（mevinphos）	杀虫剂、杀螨剂	0.01	柑橘类水果
115	特丁硫磷（terbufos）	杀虫剂	0.01*	柑橘类水果
116	特乐酚（dinoterb）	除草剂	0.01*	柑橘类水果
117	涕灭威（aldicarb）	杀虫剂	0.02	柑橘类水果
118	肟菌酯（trifloxystrobin）	杀菌剂	0.5	柚
119	戊硝酚（dinosam）	杀虫剂、除草剂	0.01*	柑橘类水果
120	烯虫炔酯（kinoprene）	杀虫剂	0.01*	柑橘类水果
121	烯虫乙酯（hydroprene）	杀虫剂	0.01*	柑橘类水果
122	消螨酚（dinex）	杀螨剂、杀虫剂	0.01*	柑橘类水果
123	辛硫磷（phoxim）	杀虫剂	0.05	柑橘类水果

（续）

序号	农药名称	农药类别	最大残留限量（mg/kg）	食品类别/名称
124	溴甲烷（methyl bromide）	熏蒸剂	0.02*	柑橘类水果
125	溴螨酯（bromopropylate）	杀螨剂	2	柑橘类水果
126	溴氰虫酰胺（cyantraniliprole）	杀虫剂	0.7*	柑橘类水果
127	溴氰菊酯（deltamethrin）	杀虫剂	0.05	柚
128	亚胺硫磷（phosmet）	杀虫剂	5	柚
129	氧乐果（omethoate）	杀虫剂	0.02	柑橘类水果
130	乙螨唑（etoxazole）	杀螨剂	0.1	柑橘类水果
131	乙酰甲胺磷（acephate）	杀虫剂	0.02	柑橘类水果
132	乙酯杀螨醇（chlorobenzilate）	杀螨剂	0.01	柑橘类水果
133	抑草蓬（erbon）	除草剂	0.05*	柑橘类水果
134	抑霉唑（imazalil）	杀菌剂	5	柚
135	茚草酮（indanofan）	除草剂	0.01*	柑橘类水果
136	蝇毒磷（coumaphos）	杀虫剂	0.05	柑橘类水果
137	增效醚（piperonyl butoxide）	增效剂	5	柑橘类水果

（续）

序号	农药名称	农药类别	最大残留限量（mg/kg）	食品类别/名称
138	治螟磷（sulfotep）	杀虫剂	0.01	柑橘类水果
139	唑螨酯（fenpyroximate）	杀螨剂	0.5	柑橘类水果
140	艾氏剂（aldrin）	杀虫剂	0.05	柑橘类水果
141	滴滴涕（DDT）	杀虫剂	0.05	柑橘类水果
142	狄氏剂（dieldrin）	杀虫剂	0.02	柑橘类水果
143	毒杀芬（camphechlor）	杀虫剂	0.05*	柑橘类水果
144	六六六（HCH）	杀虫剂	0.05	柑橘类水果
145	氯丹（chlordane）	杀虫剂	0.02	柑橘类水果
146	灭蚁灵（mirex）	杀虫剂	0.01	柑橘类水果
147	七氯（heptachlor）	杀虫剂	0.01	柑橘类水果
148	异狄氏剂（endrin）	杀虫剂	0.05	柑橘类水果

资料来源：《食品安全国家标准　食品中农药最大残留限量》（GB 2763—2021）。
* 表示该限量为临时限量。

附录5　井冈蜜柚中重金属污染物限量

重金属污染物限量

序号	污染物名称	限量（mg/kg）
1	铅（以Pb计）	0.1
2	镉（以Cd计）	0.05

资料来源：《食品安全国家标准　食品中污染物限量》（GB 2762—2022）。

主 要 参 考 文 献

吉安市市场监督管理局, 2020a.井冈蜜柚 商品果: DB36/T 810—2020 [S].南昌: 江西省市场监督管理局.

吉安市市场监督管理局, 2020b. 井冈蜜柚 生产技术规程: DB36/T 811—2020 [S].南昌: 江西省市场监督管理局.

江西省农业农村厅, 2021. 井冈蜜柚病虫害绿色防控技术规程: DB36/T 1466—2021 [S]. 南昌: 江西省市场监督管理局.

聂根新, 周瑶敏, 胡丽芳, 等, 2021. 井冈蜜柚主要品质灰色关联度分析评价 [J].农产品质量与安全 (1): 79-82.

肖光华, 肖委明, 曾友平, 等, 2021. 浅析井冈蜜柚裂瓣和粒化原因及对策建议 [J].现代园艺, 44(15): 78-80.

向建军, 俞熙仁, 董一帆, 等, 2022. 井冈蜜柚果实品质比较及综合评价 [J].中国果树(11): 39-47.